# ÌTÀN ÀWỌN ÒNKÀ

## THE NUMBER STORY

SMALL BOOK ONE

ENGLISH - YORUBA

*Numbers Teach Children*
*Their Number Names*

written and illustrated by

# MISS ANNA

Early Reader Edition of *The Number Story 1*
Bronze Medal Winner, 2016 Wishing Shelf Book Award

Cover by | Lumpy Publishing
Layout by | Lumpy Publishing
Translated by Sunday Onyeemeosi
Coloring by Jieeun Woo and Maria Mirabella



Library of Congress Control Number: 2018902040


Names: Miss Anna, author.
Title: Number story : numbers teach children their number names / Miss Anna.
Description: Portland, OR: Lumpy Publishing, 2018.
Identifiers: ISBN 978-1-949320-09-1 | LCCN 2018902040
Summary: The pictures and rhymes present stories which introduce numbers 0-10.
Subjects: LCSH Numeration—English--Yoruba--Pictorial works--Juvenile literature. | BISAC JUVENILE NONFICTION /
Languages: English--Yoruba
Classification: LCC QA141.3 .M57 2018 | DDC 513—dc23


Publisher: Lumpy Publishing
Website: www.missannabooks.com
Email: missanna@missannabooks.com


Paperback: ISBN 978-1-949320-09-1
Printed in the U.S.A.    1 3 5 7 9 10 8 6 4 2

Ǹjé O féràn láti mọ àwọn
orúkọ ònkà?

It is very easy and a lot of fun!

Ó rọrùn láti mọ̀,
Ó sì tún jé oun ìdárayá!

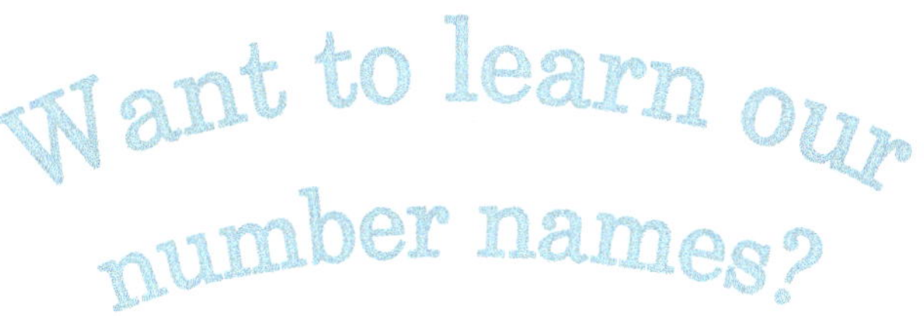

Say-along our little jingle

E bá wa ko orin ìtàn wa kékeré yi!

starting from Number One!

A ó bèrè sí kọọ́ láti àkọ́kọ́ rẹ̀!

# 1

ONE    looks like my one finger.

ÓÒKAN

Ó dà bí ìka mí kàn.

ONE!
ÓÒKAN!

# 2

TWO trails a tail.

## ÉÈJÌ

Ó farápe Ìrùdí.

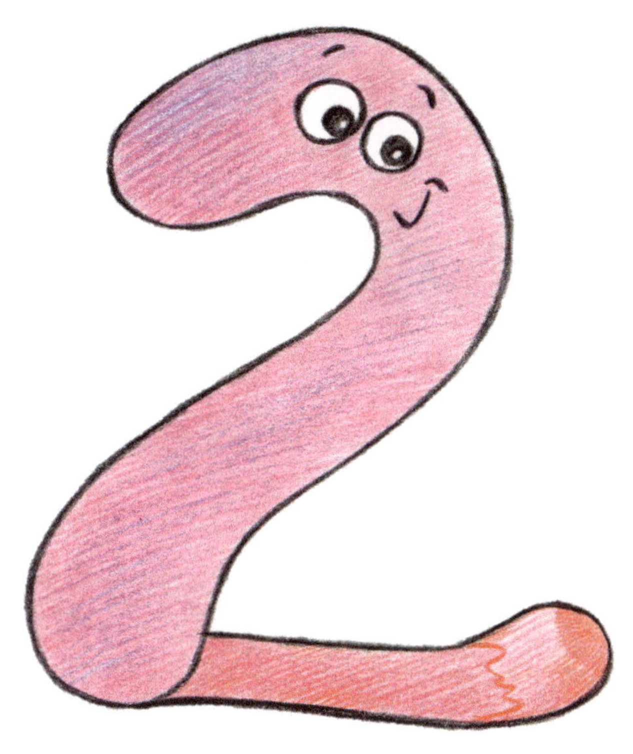

A TAIL! ÌRÙ ÌDÚ!

# 3

THREE   has bumps.

ÉÈTA

ó gbúké.

IKÉ RÚGÚDÚ!

# 4

FOUR carries a sail.

## ÉÈRIN

Ọkọ̀ bèlè tó léfòó lórí omi.

4
A SAIL!
ỌKỌ̀ TÓ LÉFÒÓ!

# 5

FIVE   is a racing track.

## ÁÀRÚN

jẹ́ pópónà àwọn ọkọ̀ ìdárayá.

VROOM
BUNNMMM!

# 6

SIX curves like a snail.

Ẹ̀Ẹ̀FÀ

tó wọ́ bí ìgbín.

A SNAIL! ÌGBÍN!

# 7

SEVEN has a sharp angle.

EÉJE

ní gun tó mún.

BE CAREFUL! IT'S SHARP!
SÓRA! Ó NI GÚN TO MÚN!

# 8

EIGHT    is rollercoaster rails.

## EÉJO

jé ojú irin okò eléjò ìdárayá.

YÉEÈÈ!
YIPPEE!

NINE  is a bubble on a stick.

ÉÈSÁN

jẹ́ Ìhósẹ̀ lórí igi.

A BUBBLE!

ÌHÓSE!

# 10

TEN   is an eye of a whale.

ẸÈWÁ

jẹ́ ojú kan ẹja nlá wélì.

HELLO!   WO BÍ!

And

Àti

# 0

ZERO    is an empty pail.

## OÓDO

korobá tó gbófo.

IT'S
EMPTY!
Ó GBÓFO!

Thank you for playing with us today.

We had a lot of fun too!

Adúpẹ́ tí ẹ bá wa seré lónì.

A gbádùn arawa lọ́pọ̀lọpọ̀!

We are your Number friends,
Zero to Ten,
Who will be here for you~
Àwa ni ọ̀rẹ́ yín Olóǹkà
Óòdo sí ẹ̀ẹ̀wá.
A ó wà ní bí fún yín ní ìgbà kú gbà.


Bye-bye now!
See you again soon!
Ódìgba kan ná!
A ó tùn rí ra láìpé!

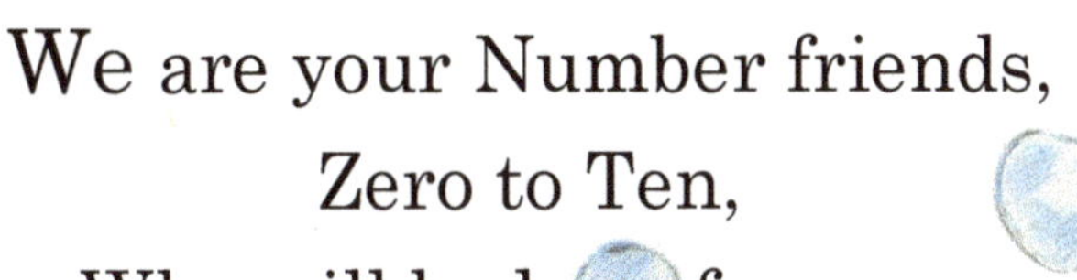

The Numbers are *SINGING* too!

To sing-a-long, look for Miss Anna Number Story
at your favorite music store like iTUNES.

MP3

| Numbers 0-10 | Numbers 11-20 | Numbers 0-100 | About Clocks |
|---|---|---|---|
| IDENTIFYING & COUNTING | & Ordinals | & Place Values | & Telling Time |
|  | first, second, third... | ones, tens, hundreds... | hours, minutes, seconds |

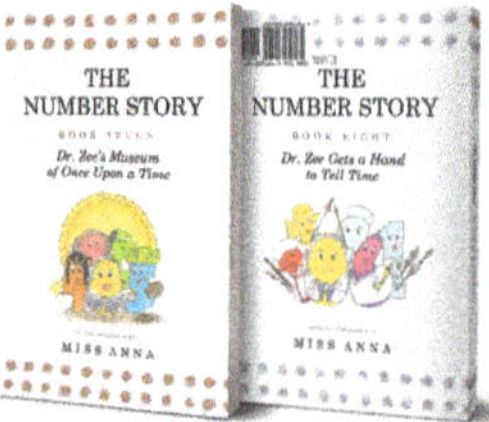

Number Story 1 & 2
isbn: 978-0-996216-48-7

Number Story 3 & 4
isbn: 978-1-945977-01-5

Number Story 5 & 6
isbn: 978-1-945977-06-0

Number Story 7 & 8
isbn: 978-1-949320-40-4

For more Miss Anna books to love,
visit us at

www.missannabooks.com

Numbers are working hard all over the world!
*Come Travel the World with Us!*

www.ingramcontent.com/pod-product-compliance
Lightning Source LLC
LaVergne TN
LVHW070015140726
843272LV00056B/1850